国家出版基金项目
NATIONAL PUBLICATION FOUNDATION

记住乡愁

——留给孩子们的中国民俗文化

刘魁立◎主编

糕点

韩 君◎编著

第十二辑 民间技艺辑

本辑主编 孙冬宁

沈华菊

北 黑龙江少年儿童出版社

编委会

序

亲爱的小读者们，身为中国人，你们了解中华民族的民俗文化吗？如果有所了解的话，你们又了解多少呢？

或许，你们认为熟知那些过去的事情是大人们的事，我们小孩儿不容易弄懂，也没必要弄懂那些事情。

其实，传统民俗文化的内涵极为丰富，它既不神秘也不深奥，与每个人的关系十分密切，它随时随地围绕在我们身边，贯穿于整个人生的每一天。

中华民族有很多传统节日，每逢节日都有一些传统民俗文化活动，比如端午节吃粽子，听大人们讲屈原为国为民愤投汨罗江的故事；八月中秋望着圆圆的明月，遐想嫦娥奔月、吴刚伐桂的传说，等等。

我国是一个统一的多民族国家，有 56 个民族，每个民族都有丰富多彩的文化和风俗习惯，这些不同民族的民俗文化共同构筑了中国民俗文化。或许你们听说过藏族长篇史诗《格萨尔王传》

中格萨尔王的英雄气概、蒙古族智慧的化身——巴拉根仓的机智与诙谐、维吾尔族世界闻名的智者——阿凡提的睿智与幽默、壮族歌仙刘三姐的聪慧机敏与歌如泉涌……如果这些你们都有所了解，那就说明你们已经走进了中华民族传统民俗文化的王国。

你们也许看过京剧、木偶戏、皮影戏，看过踩高跷、耍龙灯，欣赏过威风锣鼓，这些都是我们中华民族为世界贡献的艺术珍品。你们或许也欣赏过中国古琴演奏，那是中华文化中的瑰宝。1977年9月5日美国发射的"旅行者1号"探测器上所载的向外太空传达人类声音的金光盘上面，就录制了我国古琴大师管平湖演奏的中国古琴名曲——《流水》。

北京天安门东西两侧设有太庙和社稷坛，那是旧时皇帝举行仪式祭祀祖先和祭祀谷神及土地的地方。另外，在北京城的南北东西四个方位建有天坛、地坛、日坛和月坛，这些地方曾经是皇帝率领百官祭拜天、地、日、月的神圣场所。这些仪式活动说明，我们中国人自古就认为自己是自然的组成部分，因而崇信自然、融入自然，与自然和谐相处。

如今民间仍保存的奉祀关公和妈祖的习俗，则体现了中国人崇尚仁义礼智信、进行自我道德教育的意愿，表达了祈望平安顺达和扶危救困的诉求。

小读者们，你们养过蚕宝宝吗？原产于中国的蚕，真称得上伟大的小生物。蚕宝宝的一生从芝麻粒儿大小的蚕卵算起，中间经历蚁蚕、蚕宝宝、结茧吐丝等过程，到破茧成蛾结束，总共四十余天，却能为我们贡献约一千米长的蚕丝。我国历史悠久的养蚕、丝绸织绣技术自西汉"丝绸之路"诞生那天起就成为东方文明的传播者和象征，为促进人类文明的发展做出了不可磨灭的贡献！

小读者们，你们到过烧造瓷器的窑口，见过工匠师傅们拉坯、上釉、烧窑吗？中国是瓷器的故乡，我们的陶瓷技艺同样为人类文明的发展做出了巨大贡献！中国的英文国名"China"，就是由英文"china"（瓷器）一词转义而来的。

中国的历法、二十四节气、珠算、中医知识体系，都是中华民族传统文化宝库中的珍品。

让我们深感骄傲的中国传统民俗文化博大精深、丰富多彩，课本中的内容是难以囊括的。每向这个领域多迈进一步，你们对历史的认知、对人生的感悟、对生活的热爱与奋斗就会更进一分。

作为中国人，无论你身在何处，那与生俱来的充满民族文化DNA的血液将伴随你的一生，乡音难改，乡情难忘，乡愁恒久。这是你的根，这是你的魂，这种民族文化的传统体现在你身上，是你身份的标识，也是我们作为中国人彼此认同的依据，它作为一种凝聚的力量，把我们整个中华民族大家庭紧紧地联系在一起。

《记住乡愁——留给孩子们的中国民俗文化》丛书，为小读者们全面介绍了传统民俗文化的丰富内容：包括民间史诗传说故事、传统民间节日、民间信仰、礼仪习俗、民间游戏、中国古代建筑技艺、民间手工艺……

各辑的主编、各册的作者，都是相关领域的专家。他们以适合儿童的文笔，选配大量图片，简约精当地介绍每一个专题，希望小读者们读来兴趣盎然、收获颇丰。

在你们阅读的过程中，也许你们的长辈会向你们说起他们曾经的往事，讲讲他们的"乡愁"。那时，你们也许会觉得生活充满了意趣。希望这套丛书能使你们更加珍爱中国的传统民俗文化，让你们为生为中国人而自豪，长大后为中华民族的伟大复兴做出自己的贡献！

亲爱的小读者们，祝你们健康快乐！

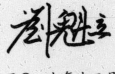

二〇一七年十二月

目 录

「糕点君」，你从哪里来

| "糕点君"，你从哪里来 |

糕点是一种以谷类、豆类、薯类、油脂、糖、蛋等食材中的一种或几种为原料，经调制、成型、烤制等工序制成的食品。中国人的日常生活离不开糕点。幼儿时期我们就对甜味情有独钟，糖果、糕点无一不是孩子们喜爱的食品。甜味刺激着身体中的每一根神经，美好的感觉油然而生。小朋友们，你是否喜欢吃糕点呢？你知道那些精美、小巧的糕点是用什么方法制作出来的吗？

据考证，我国制作糕点的工艺起源于商周时期，距今已有四千多年的历史。不同时期的糕点各具特色。糕点既是中国饮食文化的一部分，也是我国劳动人民的智慧结晶。古人所吃的糕点与我们现在吃的糕点一样吗？你想与糕点大师一起制作美味的糕点吗？带着以上几个问题，我们一起来探秘"糕点君"的前世今生吧。

| 麻团 |

一、制作"糕点君"的原料

糕点主要是以面粉、米粉、糖、油脂、鸡蛋、乳品等为主要原料，配以各类馅料，先初制成形，再经过蒸、烤、炸、炒等一系列方法制作而成的点心。因其口味丰富、造型繁多，所以深受小朋友们的喜爱。我国有一句俗语叫"巧妇难为无米之炊"，如果离开米、面，我们是没有办法做出糕点的，那么人们是什么时候开始种植制作糕点的原材料的呢？早在新石器时代，人们就已经开始种植黍、稷、粟、麻、麦、豆、稻等粮食作物。其中用于制作糕点的主要原料是水稻和小麦。水稻原产于中国和印度，大约在七千年前，我国长江流域的先民就曾种植水稻。水稻除了在南方的广大地区种植外，北方也有部分区域种植。直到今天，小麦与水稻仍是我国主要的粮食作物。

二、"糕点君"的发展简史

为了制作糕点，需要

|小麦|

4

把水稻与小麦加工成米粉与面粉，起初人们对于粮食的处理方式比较简单，利用石盘、石棒等器物，通过碾、砸等方式将谷物进行粗加工，早在《易·系辞下》中就有"断木为杵，掘地为臼"的记载。从河姆渡遗址出土的蒸锅、蒸笼来看，在新石器时代就有了制作糕点的蒸具和烤烙用具。如《周礼·笾人》中曾有"羞笾之食，糗饵，粉粢"的记载。由此可见，现在以米粉为原料，通过蒸制做成的饼，可能传承自周代。

汉代时，张骞出使西域，丝绸之路的开辟促进了西汉对外交流和贸易往来，蔗糖在这时传入我国，提升了糕点的口感。在此之前对粮食的处理只能通过碾、砸

等方式进行加工。西汉时，人们发明了各种形状的石磨，这些石磨的上扇常制作成两个半圆形，向下缩小成椭圆孔，谷物从孔中流入磨齿间。上扇石磨边缘有方榫眼，以备推磨时插入磨棍。上下两扇石磨间安装短铁轴，通过人力或畜力来带动磨盘，将粮食磨成粉末状，然后再进行深加工。这类先进的粉碎工具使得糕点生

磨盘

产得到迅速发展。

自汉武帝始通西域以来，西域地区的"胡饼"逐渐流入中原地区，最早一条记载"胡饼"的文字是《太平御览》中引《续汉书》："灵帝好胡饼。"胡饼类似于今天新疆地区的"馕"，制作时所用的原料非常丰富，除了面粉外，还有芝麻、洋葱、鸡蛋、清油、酥油、牛奶、糖、盐等，将其制成四周厚、中间薄的圆形薄饼，也可在中间加肉馅，做好后在表层撒上芝麻。

| 唐代月饼 |

胡饼不仅味道好，而且可以保存很长时间。据《晋书》"坦腹东床"的故事里记载，王羲之就是因为欣然躺在床上啃食胡饼，才吸引了前来选婿的郗鉴，促成了"东床快婿"的佳话。到了唐代，吃胡饼已经成为一种时尚。据《旧唐书》中记载："贵人御馔，尽供胡食。"说明这个时候少数民族的饮食已经进入上层社会的餐桌，成为贵族喜爱的食品。

东汉崔寔所著《四民月令》中有："是月也，可作枣糒（bèi），以御宾客。"枣糒是指用枣子和米蒸煮的饭食，是当时宴请宾客的糕点，这也是目前关于果料糕点的最早记载。

唐代时经济繁荣、国泰民安，人们的生活水平日益提高，对于吃、穿、用有了更高的要求。唐朝以胖为美，那是否与吃甜食有关呢？当时在长安地区盛行奶酪浇鲜樱桃，用春季采摘的鲜樱桃为原料，在上方浇奶酪，樱桃果汁的酸甜与奶酪的浓香相融合，美味至极。除此之外，"透花糍"也尤为受人欢迎，如其名称一样，糕点蒸制后呈半透明状，馅料隐约可见，在考虑口感的同时更加注重外形的美观，造型意识越来越强。从吐鲁番出土的唐代宝相花纹月饼来看，当时的月饼与今天的月饼几乎没有什么差别，但在造型上有了很大的突破，不再局限于传统的圆形，有了类似花瓣的不规则形状，凹凸有致，利用"点线面"

的装饰手法，为糕点造型的发展奠定了基础。

宋代的吴曾在《能改斋漫录》中描述："世俗例，以早晨小吃为点心，自唐时已有此语。"可见在当时，食用点心已成为民间的俗例。根据《梦粱录》中记载，宋代市井中较为著名的糕点有四色馒头、卖米薄皮春茧、生馅馒头、笑靥儿、金银炙焦牡丹饼、杂色煎花馒头、枣箍荷叶饼、芙蓉饼、菊花饼、月饼、梅花饼、开炉饼、

|唐代月饼|

寿带龟仙桃、子母春茧、子母龟、子母仙桃、圆欢喜、骆驼蹄、糖蜜果食、重阳糕、肉丝糕、水晶包儿、笋肉包儿、虾鱼包儿、江鱼包儿、蟹肉包儿、鹅鸭包儿、鹅眉夹儿、细馅夹儿、笋肉夹儿、油炸夹儿、金铤夹儿、江鱼夹儿、甘露饼、肉油饼、菊花饼、糖肉馒头、羊肉馒头、太学馒头、笋肉馒头、鱼肉馒头、蟹肉馒头、肉酸馅、千层儿、炊饼、鹅弹、丰糖糕、

乳糕、栗糕、拍花糕、糖蜜糕、裹蒸粽子、栗粽、金铤裹蒸茭粽、糖蜜韵果、巧粽、豆团、麻团、糍团、春饼、芥饼、旋饼、羊脂韭饼等，听到这些你是否要流口水了呢？此外，《宋徽宗赵佶文会图》描绘的是文人学者以文会友饮酒赋诗的场景，他们围坐在桌子的周围，餐桌上的菜品种类繁多，其中便有不可缺少的糕点。

元代古籍《居家必用事

|《宋徽宗赵佶文会图》|

8

类全集》中也记载了一些少数民族的糕点，如糕糜、柿糕、高丽栗糕、白熟饼子、山药胡饼、酥蜜饼、七宝卷煎饼、金银卷煎饼、驼峰角儿……这与元世祖忽必烈迁都燕京（今北京）有很大的关系，这个时期蒙古、回、汉等民族聚居在一起，生活习惯相互交融，逐渐形成了富有民族特色的糕点。

明代的光禄寺掌祭祀、朝会、宴乡酒醴膳馐之事，此外宫中还设有尚膳监、酒醋局、御酒坊等，机构庞大，人员众多。这一时期宫中御膳品种更加丰富，出现了一些前代没有的食物，从明代黄一正创作的《事物绀珠》中可以看出，明代的糕点又增加了八宝馒头、蒸卷、蝴蝶卷子、大蒸饼、椒盐饼、豆饼、澄沙饼、夹糖饼、芝麻烧饼、奶皮烧饼、薄脆饼、梅花烧饼、金花饼、宝妆饼、银锭饼、方胜饼、菊花饼、葵花饼、芙蓉花饼等品种。

说起清代为皇帝准备膳食的地方，你肯定会想到"御膳房"，作为皇家的私厨，皇帝及嫔妃们的一日三餐都出自御膳房之手。与明代所设的宫廷管理机构不同的是，清代的御膳房由承办皇帝衣、食、住、行等事务的内务府管理。隶属内务府的御膳房只是一个统称，其下还有很多分支，根据不同的门类与做法可分为五大局，分别是荤局、素局、挂炉局、点心局、饭局。荤局主管鱼、肉、海味菜；素局主管青菜、干菜、植物油料等；挂炉局主管烧、烤菜品；

点心局主管包子、饼类、饺子，以及宫中特色糕点等，很像今天的面点师；饭局则主管粥、饭。"三月初三豌豆黄"说的正是北京地区顺应节令，制作深受人们喜爱的美食——豌豆黄，其色泽金黄、光滑如玉、入口即化。传说慈禧太后非常喜欢豌豆黄，这一民间小吃便逐渐变成了宫廷御膳。

新石器时代，随着谷物的发现和利用，人们开始对制作食物产生兴趣，通过碾、磨等方式将谷物变成粉末状，再用一系列的烹饪手法，各式糕点得以诞生。伴随着人们物质生活水平的提高，人们对事物的审美要求不断提高，糕点也从原来的粗加工逐渐演变成了细加工。历代糕点艺人不断推陈出新，使糕点不论是外形还是口感都有了不同的改变，种类也有所增加，糕点的外形变得越来越精致，味道也越来越好。

| 面粉 |

传统节日中的『糕点君』

| 传统节日中的"糕点君" |

小朋友们，你们过元宵节、中秋节、端午节时都吃些什么呢？

中国作为农业大国，农业实践中奉行"春种、夏长、秋收、冬藏"的规律，这个规律具有很强的季候特征。

这是因为人们在社会实践中逐渐认识了宇宙的运行规律，总结出了"四时七十二候"，随之形成的还有许多相关的节日，如春节、除夕、端午、重阳、中秋……这些中国的传统节日多数都体现了季候的特点，节日也有着深刻的历史文化背景。

大约从汉代开始，中国就形成了比较完整的节日体系，与之相对应的还有一些饮食风俗。如宋代的《东京梦华录》中就记述了汴梁寒食节的节日食品有麦糕、乳饼、乳酪等，杭州端午节则满街都是卖粽子的市集，其他时令的糕点有三月的豌豆黄、芸豆卷，四月的玫瑰糕，五月的端午粽，六月的绿豆糕，七月的茯苓饼，八月的月饼，九月的花糕……在不同的节日里，家家户户的桌子上都少不了"糕点君"的影子。

下面我们一起看看都有哪些糕点出现在中国的传统节日中？

一、元宵节

今夕是何夕，
团圆事事同。
　　——《元宵煮浮圆子诗》

"众里寻他千百度，蓦然回首，那人却在灯火阑珊处""去年元夜时，花市灯如昼"，这些华丽的词语描绘了元宵佳节繁华热闹的街景。正月也称元月，在正月十五元宵节的夜晚，人们除了看花灯、猜灯谜外，还要吃汤圆。《平园续稿》中就有"元宵煮浮圆子，前辈似

| 汤圆 |

未曾赋此"的记载。汤圆又名"汤团""浮圆子""元宵""粉果""元宝""团子"等，所以这里的"浮圆子"指的就是汤圆。随着元宵节的饮食种类日渐丰富，人们习惯以油、面、糖、蜜等制成馅料，再用糯米粉制成的面皮包裹起来搓成球，至沸水中煮熟而食。除了煮着吃，古人更喜欢炸着吃。唐代时期，人们在赏灯时，喜欢吃汤圆和焦𥽼（duī），焦𥽼是一种被油炸过、带馅的圆形面点，焦𥽼与汤圆相似，所以有人认为焦𥽼其实就是炸元宵。据清代屈大均《广东新语》记载："以糯粉为大小圆，入油煎之。"由于地理位置的不同，汤圆的做法可谓多种多样。元宵节吃汤圆，寓意全家团圆美满、平安健康。

二、寒食节

田舍清明日，
家家出火迟。
——《寒食》

寒食节又称"禁烟节""冷节""百五节""禁火节"，因为寒食节是在冬至日后的第一百零五天，所以它还有一个特别的称呼叫作"一百五"。宋代诗人苏辙曾有诗云："昨日一百五，老槐俱寒食。"诗中描绘的就是寒食节所发生的事情。寒食节是汉族传统节日中唯一以饮食习俗来命名的节日。在此期间，人们要禁火，只能吃冷食。所以需要提前准备好食物。寒食节时，人们喜欢吃麦糕，其做法是将大麦熬成浆，再加入捣碎的杏仁，冷却后切块，并浇上糖稀。今天，江南地区的人们在清明节食用的青团就是"禁火"习俗的遗存。青团是将有香味的青艾洗净捣碎，掺上米粉和糖，蒸制而成。苏沪风味的青团则是用雀麦草汁与糯米粉混合，擀成皮，并以豆沙为馅，蒸熟以后油绿如玉，糯韧绵软、清香扑鼻，豆沙馅清甜而不腻，香糯可口。

三、端午节

粽包分两髻，
艾束著危冠。

——《乙卯重五诗》

农历五月初五是中国传统节日端午节，家家户户都要包粽子。"粽"字左边一个"米"字，右边一个"宗"子。带有祭祀意思的"宗"字向人们表明了粽子的用途。据说为纪念爱国诗人屈原，人们每年在他投水逝世的日子，将粽子投向水中来祭拜他。"绿柳带雨垂垂重，五色新丝缠角粽。"这两句诗出自宋代欧阳修的《渔家傲·

| 青团 |

五月榴花妖艳烘》，描述了人们在五月用彩线来缠粽子的情景，其中提到的"角粽"，即带角的粽子。这里所说的粽子与今天的粽子是一样的吗？其实在不同时期、不同地域的人们用的材料有所不同，粽子的形状也各不相同。有四角形、菱形、锥形、长方形、正方形等。除了我们今天熟知的芦苇叶以外，古人还用菰叶、箬叶等来包粽子，清代画家徐扬的画作《徐扬端阳故事图册》第七开《裹角黍》中所描绘的就是妇女儿童包粽子的场景，"裹"同"包"，"角黍"是粽子的别称。北方的粽子是以红枣、豆沙为馅料的甜粽子。南方的粽子则与北方截然不同，是以肉馅、火腿馅、蛋黄馅等为馅料的咸粽子。可

以说咸粽子已经成了南方粽子的代名词。尤其要说明的

| 粽子 |

| 包粽子的原料 |

一点是，火腿馅的粽子早在清代时就有了。

四、中秋节

小饼如嚼月，

中有酥与饴。

——《留别廉守》

中国四大传统节日为春节、清明节、端午节、中秋节。

中秋节为农历八月十五，一年已经过了一半，是为"中秋"。中秋来源于先秦时秋祀和拜月的习俗。在唐代，如果在中秋节这一天见不到月亮，人们会觉得是一件很遗憾的事情。所以人们赏月时总要有酒食相伴，这样与

|月饼|

月亮有关的食物就诞生了。在宋代，月饼起初是蒸制成的面饼，后来在糕点匠人的改良下，出现了烘烤的酥皮月饼。随后还有菱花形的月饼、菊花饼、梅花饼、五仁饼等，并且"四时皆有"。"小饼如嚼月，中有酥与饴。"苏轼的诗中用"酥与饴"描绘了月饼外皮酥香、馅料甜美的口感。随着历史的变迁，民间逐渐形成了中秋节吃月饼的习俗。明朝时人们就已经开始互赠月饼以示祝福。明代田汝成在《西湖游览志馀》中记载："八月十五日谓中秋，民间以月饼相送，取团圆之意。"至清代，月饼的制作工艺有了较大水平的提高，品种也不断增加。今天我们所吃到的月饼是以水油面团或酥油面团为皮，内包馅制成扁圆生坯，再入模具，使表面有凹凸花纹，烘烤至熟即成。

五、重阳节

中秋才过又重阳，
又见花糕各处忙。
——《都门杂咏·论糕》

农历九月初九重阳节，又称"重九节"。古人将九看作阳数，两阳相重，故称"重阳"。重阳糕又称"花糕""菊糕"，是用蓬草加黍米制成。相传，古人认为登高（山）可以避难，所以就有重阳节登高的习俗，但是平原地区无山可登，便用米粉蒸制成糕，再插上小旗，用"吃糕"来寓意"登高"。《本草纲目》中记载："糕以粟糯合粳米粉蒸成，状如凝膏也。"重阳糕口感香甜、松糯，至少有十几层，每一层都铺

|重阳糕|

有馅料，如豆沙馅、果料馅等，到了唐代，重阳糕的名目就多了起来，例如麻葛糕、米锦糕、菊花糕等。南北方糕的口味是不一样的，北方以甜口为主，南方则甜咸皆有，且制作方法多种多样，蒸、煮、煎、炸、炒、煨、烤，皆可成美味，并各具特色。

六、春节

年糕精致点春心，
夜景缤纷除旧岁。

——佚名

年糕寓意年年高，北魏贾思勰的《齐民要术》中就有关于年糕制作方法的记载，将糯米粉用绢罗筛过后，加水、蜂蜜和成面团，然后用箬叶裹起蒸熟即可。这种糕点颇具中原特色。当时的年糕以糯米粉为原料，包以箬叶，成品兼具叶子的清香与糯米粉的甜香。现在人们则习惯将糯米与粳米混合磨成粉后，再一层一层地叠加适当的馅料，最后的成品香甜诱人。"黏"同"年"，寓意"年年高"。传统年糕根据地理位置可分为两种：北方的年糕或蒸或炸，多为甜味；南方的年糕以水磨年糕最著名，除蒸、炸外还有炒或煮等不同吃法，且味道甜、咸皆有。

原来我们传统节日所吃的糕点都是有历史渊源的，

| 年糕

每种糕点的背后都有着美好的寓意，例如汤圆的"团团圆圆"、年糕的"年年高升"，还有寒食节的青团，重阳节的重阳糕等，都是按照当地风俗与人们生活需要所产生的。所以小朋友们，糕点不仅仅是一种食物，更体现了祖先们的聪敏智慧与中华文化的博大精深。

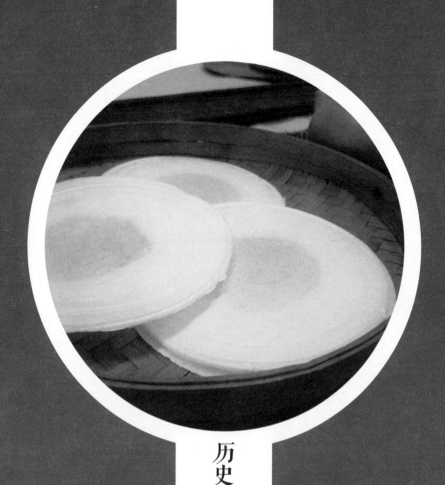

历史人物与『糕点君』的邂逅

| 历史人物与"糕点君"的邂逅 |

小朋友们，我们日常生活中经常可以见到各种精美绝伦的糕点，它们都有一个好听的名字。例如，与馅料有关的玫瑰糕、豆沙糕、南瓜糕、黄豆糕，与外形有关的水晶糕，还有一些糕点，它们的名字与历史人物息息相关，让我们一起来看一看吧。

一、西施与精致小巧的西施舌

西施是我国古代的四大美女之一，以西施名字命名的"西施舌"是浙江杭州地区的传统名点，其制作方法是先将糯米制成水磨粉，然后再用水磨粉制成面皮并包

入枣泥、核桃仁、桂花、青梅等十几种果料拌成的馅，放在舌形模具中压制成型，最后用水煮或油煎即可。这种点心色如皓月，香甜爽口，精致小巧像美女的舌头，故名"西施舌"。

二、诸葛亮巧用馒头当"蛮头"

说到馒头你可能会想："馒头也算是糕点吗？"其实馒头最初是有馅的，在北方，用酵母发酵蒸制的实心无馅的叫馒头，用肉类或蔬菜做馅的叫包子，要是用豆沙做馅的则是豆沙包。

但是在南方，一般叫馒头的都是有馅的面点，根据

| 包子 |

胜后，班师回朝经过泸水之时，突然乌云密布，狂风骤起，孟获见状说："这水中想必是河神在作祟，要想渡河，得用七七四十九颗人头与黑牛白羊祭祀河神，才会风平浪静。"于是诸葛亮便下令让将士们用军中所带的面粉和成团，擀成皮，再将肉馅包进面皮中，捏成人头模样的"蛮头"，投入水中以示供奉。在这之后，河水果然恢复了平静，大军得以顺利渡河。由于"蛮头"这个名字实在太吓人，人们就用"馒"字替代，写作"馒头"。

馅料的不同，又分为羊肉馒头、蟹黄馒头、菜馅馒头……

最初馒头是用来祭祀的祭品，这其中还有一个与诸葛亮有关的小故事。据说，诸葛亮征讨孟获大获全

三、白居易授人以渔的香山蜜饼

香山蜜饼是重庆忠县的传统小吃。主要以面粉、蜂蜜和香油为原料，制作时先将面粉和成面团，之后加入

蜂蜜揉搓成面坯，最后在锅中抹油放入面坯进行烘烤。这样制成的蜜饼色泽金黄、香味四溢、外皮酥脆、内里软甜。

好吃的香山蜜饼与大诗人白居易还有一段故事。相传白居易移任忠州（今忠县）刺史时，十分善于深入民众，体察民情。一天，他独自外出散心，路过一家名为"巴记"的烤饼铺，只见店内比较冷清，便随手买了两个烤饼尝了尝，觉得非常硬涩难吃，白居易问："传说中的巴记烤饼，为何是如此质量？"店主是个小后生，他闻言叹了一口气，回答说："那是我爹娘在世时创出的名气，他们去世时我还很小，没有继承他们的技艺，所以如今的生意一落千丈了。"

白居易了解情况后，就帮小后生用蜂蜜、香油和麦面制作了一种香甜味美的蜜饼，从此这种蜜饼深受顾客的欢迎，小后生盘活了店铺，也让州民大饱了口福，为了纪念白居易，便用其雅号"香山居士"将此饼命名为"香山蜜饼"。

四、范仲淹晋升路上的白云糕

我们熟知的"先天下之忧而忧，后天下之乐而乐"出自北宋杰出的思想家、政治家、文学家范仲淹的《岳阳楼记》，其博大的家国情怀让后人为之感叹。范仲淹小时候家境窘迫，为了考取功名，只得栖身在苏州天平山下的寺庙里日夜苦读，每天用白粥来解决温饱问题。到了冬天，气候极为寒冷，碗里的粥经常冻结，他像切豆腐似的把粥切成块，等到肚子饿时，就取出一块来吃，并且苦中作乐给它取了个好听的名字，叫"白云糕"。有一天，同窗好友备了好酒好菜去看望他，他却拒绝道："我现在已经习惯了这'白云糕'的滋味，如若吃了这美味佳肴，以后就会天天想念它，只会分散精力，无心读书。"好友听了范仲淹的一番话后，叫人用糯米粉仿照"白云糕"的外形做了方糕，每天送给范仲淹吃，一直到他中举。据说，现在绍

| 糕点 |

兴一带的"白云糕"就是由此流传下来的。

五、王羲之喜食东床饼

胡麻饼在东晋时有一个奇特的名字，叫"东床饼"，名字的由来与行书"飘若浮云，矫如惊龙，誉满天下"的书法家王羲之有关。当时，郗鉴一直想为自家女儿选一位如意郎君。有一天，郗鉴派人去王府相看，王家的子弟心中都揣着攀龙附凤的念头，无不衣冠楚楚，姿态做作，唯独王羲之不声不响地卧在东窗下的床边，一边轻摇着羽扇，看着窗外的景致，一边若有所思地吃着胡麻饼。来者看在眼里、记在心中，回去如实向郗鉴禀报。郗鉴听闻大喜，说道："人赏自然，心静如水，这正是我意中的好女婿。"随后，王羲之果真被选为郗鉴的女婿。后来人们知道了王羲之

馕

当时在东窗的床下吃胡麻饼的情景，于是胡麻饼便被改称"东床饼"了。

六、乾隆喜爱的鲜花饼

鲜花饼是云南当地的特

色糕点，主要食材为面粉、玫瑰、玉兰、菊花、白糖、芝麻、花生、核桃仁、枣泥等，将可食用的玫瑰花和其他材料做成馅，然后用油酥面皮包裹，入烤箱烤制而成，其制作方法大致分为采摘、制馅、饼皮和烤制。鲜花饼用料十分讲究，必须在每天清晨伴着晨露开始采摘食用的玫瑰花，因为气温升高后，鲜花的香气会随之挥发，影响口感，所以至上午九点就会结束采摘。制成的鲜花饼香气袭人、甜而不腻。据史料记载，鲜花饼由清代的一位制饼师傅所发明。晚清时的《燕京岁时录》中也有关于鲜花饼的记载："四月以玫瑰花为之者，谓之玫瑰饼。以藤萝花为之者，谓之藤萝饼。皆应时之食物也。"

|鲜花饼|

春暖花开后，初夏应时的玫瑰花饼、藤萝花饼由于花期所限，素来名贵。随着鲜花饼名声的日益渐长，经朝内官员的进贡，一跃成为宫廷御点，并深得乾隆皇帝的喜爱，获得钦点："以后祭神点心用玫瑰花饼不必再奏请即可。"

七、慈禧日思夜想"茯苓饼"

茯苓饼也称茯苓夹饼，是地道的京味名点。茯苓饼的饼皮薄如蝉翼，皎白似雪，其馅甘甜味美，独具特色。茯苓饼早在南宋时期的《儒门事亲》中就有记载："茯苓四两，白面二两，水调作

| 茯苓饼 |

饼，以黄蜡煎熟。"清朝以来，在糕饼业"糕贵乎松，饼利于薄"的新观念中，许多饼类点心也渐渐以薄为佳，同时馅料也从单一味道转为复合味道。传说茯苓饼曾深得慈禧太后的赏识，并赏赐给文武百官享用。事情起源于慈禧太后有一次偶感风寒，病榻上的慈禧太后多日不思饮食，这可急坏了御膳房的点心师傅们。他们无意间在太医开出的药方中发现了茯苓，因为茯苓味甘性平，可益脾安神、利水消湿，所以点心师傅试着在松仁、核桃仁、桂花、蜂蜜等合成的馅料中加入一些茯苓粉，又用上好的面粉摊成薄皮，精心制成夹馅的薄饼。慈禧太后只尝了一小口茯苓饼，便顿时有了食欲，连连称好。从此，茯苓饼一跃成了清宫中的名点。

东西南北中，糕点大不同

|东西南北中，糕点大不同|

中国地大物博、幅员辽阔、地理与气候条件不同，加之各民族的生活习惯也有所差异，所以在制作糕点的方法与口味上也形成了各自独有的风味。我国糕点主要分为南派与北派，以长江为分界点。长江以北为北派，主要以京式糕点而闻名海内外；长江以南则为南派，主要有苏式糕点、沪式糕点、广式糕点、闽式糕点、扬式糕点等。小朋友们，下面我们来一起简单地了解一下我国各地的糕点吧！

一、京式糕点

京式糕点是以北京制作的糕点为代表的流派，影响与辐射范围较广。自清代在北京建都以后，满、蒙古、汉等民族文化相互交融。满族制作饽饽时习惯将奶制品加入其中，例如芙蓉奶油萨其马，奶乌塔（软奶子饽饽）。后来，萨其马一度成为当时风靡北京的传统小吃，《燕

|萨其马|

京岁时记》中记载道："萨其马乃满洲饽饽，以冰糖、奶油合白面为之，形如糯米，用不灰木烘炉烤熟，遂成方块，甜腻可食。"后来萨其马的制作方法有所改良，用鸡蛋、油脂和面，细切后油炸，再用饴糖、蜂蜜搅拌沁透，故曰"狗奶子糖蘸"。王世襄在文章中写道："原来东北有一种野生浆果，以形似狗奶子得名，最初即用它作萨其马的果料。清朝时

期，逐渐被葡萄干、芝麻、山楂糕、青梅、瓜子仁、枣等所取代，而狗奶子也鲜为人知了。"随后，糕点的样式越来越多，且慢慢形成了独门独户的"字号"，并且每家都有自己的看门绝活。据说清代北京的永兴斋饽饽铺制作的点心样式多达数千种。京味糕点中最著名的要数"大八件"与"小八件"。"大八件"有翻毛饼、大卷酥、大油糕、蝴蝶卷子、幅儿酥、鸡油饼、状元饼和七星典子；"小八件"有果馅饼、小卷酥、小桃酥、小鸡油饼、小螺丝酥、咸典子、枣花和坑面子。除此之外，牛肉麻饼、藤萝花饼、核桃酥、橘子酥、油糕、马蹄糕、绿豆糕、茯苓饼、白蜂糕、江米条、酥盒子、桂花棋子也深受顾客喜爱。

|豌豆黄|

二、苏式糕点

常言道：上有天堂，下有苏杭。苏州地沃人美，物产丰富，交通发达。这座江南繁华都市，糕点的香馥气息无时无刻不萦绕在生活的细节之中。宋代时，以苏州为中心的苏式糕点流派已初步形成。苏式点心主要是指以苏州为中心的江浙一带制作的糕点。由于地理原因，苏州盛产花果，这些都被制作为具有独特口味的糕点馅料。苏式点心还有一个很鲜明的特点就是时令性，按照农历的四时八节（四时：春、夏、秋、冬。八节：立春、春分、立夏、夏至、立秋、秋分、立冬、冬至），当地出现了春饼、夏糕、秋酥、冬糖等富有时令性的糕点。据文史资料记载，在苏式糕点中，春饼近二十余种、夏糕十余种、秋酥近三十余种、冬糖十余种。例如春天有酒酿饼、夏天有绿豆糕、秋天有菊花酥，冬天有芝麻酥糖。糕点下市后，直到第二年才能再生产销售。这样是因为江南地区的人们认为糕点要顺应季节的变化，享受当季的新鲜食材。此外，现产现销，热炉供应是苏式糕点的另一大特色。苏式糕点中猪肉、火腿等口味的月饼需要现产现卖，因为只有热食才能凸显出肉食的肥美、鲜嫩。苏式糕点中比较出名的有眉毛饺（又称文饺），因为造型小巧，形似眉毛而得名，制作时将其烙至金黄，色泽美观，鲜香味美。除此之外，还有松子黄干糕、桂花云片糕、八珍糕、巧果、杏仁酥、

| 文饺 |

猪油松子酥、香蕉酥、三色夹糕、五香麻糕、百果蜜糕、玉带糕等。

三、沪式糕点

沪式糕点又名高桥式糕点，发端于清代末年上海浦东高桥镇一带。当时，高桥镇的农家有逢年过节吃塌饼、送塌饼的习俗。塌饼的饼层多且薄，似蝉翼叠复，油润松酥，非常可口，所以民间又称之为千层饼、松饼。高桥镇的松饼、松糕成为沪

式糕点的代表。老上海的糕团驰誉中国已久。在清代，当地流行吃一种名叫"元糕"的糕点。据载，旧时的元糕用粳米、白糖、香草、玫瑰等原料，经舂粉、划片、分片、烘片等环节精制而成。乾隆年间，当地一位蔡姓举人进京考试，考中了状元，因为他平日很喜欢吃元糕，所以人们便巧将元糕改叫"状元糕"了。到了咸丰年间，又出现了一种糕团，它以粳米、

糯米为主料，再加猪油、豆沙、枣泥、白糖等辅料蒸制而成，荷花盛开的季节，用鲜荷叶托着吃，满口清香，老少皆宜。由于"糕"与"高"谐音，寓意"步步高升"；"团"又寓意"团团圆圆"，所以在新春及重阳节前后，当地的糕团生意总是特别好。此后，随着上海这座城市的日渐繁盛，南北美食聚集于此，沪式糕点也取众家所长，创造出不少集大成于一身的佳点来。沪式糕点的著名品种有松饼、一口酥、薄饼、水桃酥、松糕、粉蒸蛋糕、细沙定胜糕、玫瑰印糕、巧果、一捏酥等。

四、广式糕点

广州地处我国东南沿海，常年气候温和、雨量充沛，因而物产富饶，尤以盛产大米而著称，所以当地产生了很多以米为原料的米制糕点，如萝卜糕、伦教糕、糯米年糕等。根据史料记载："广州之俗，岁终以烈火爆开糯谷，名曰炮谷，以为煎堆心馅。煎堆者，以糯粉为大小圆入油煎之，以祀先及馈亲友，又以糯饭告诸花入油煎之，名曰米花；以粉杂白糖入猪油煎之，名沙壅。"这段文字的意思是说广州地区在岁末的时候，家家户户炒糯谷，制成糯米粉，再将糯米粉搓成大大小小的面团，入油煎制，制作成煎堆，用来祭祖或馈赠亲友。在广州，女儿出嫁时娘家要用上好的粉饵和糖果当作陪嫁，期盼女儿将来和和美美、衣食无忧。现在煎堆的品种更是多种多样。近代，广州作为港口城市，与各国经济往来密切。因此，广州地区也较早汲取了西方的糕点制作技术，造就了广式糕点重油、重糖、重蛋的特点，逐渐形成了中西合璧的独特风格。除此以外，广东的糕点也很讲究季节性，根据一年四季的变化而变化。例如春天的玫瑰云霄果，夏天的西瓜汁凉糕，秋天的荔浦秋芋角，冬天的腊肠糯米鸡等。在制作工艺上，广东糕点讲究皮薄馅厚、边角分明、纹路清晰。例如，广式莲蓉月饼也是广式糕点的代表产品之一，有数百年历史，在东南亚及港澳地区久负盛名，有"月饼之王"之称。主要原料为精面、糖浆、生油、莲蓉等，工艺要求严格，做工精细，饼皮薄而松，色泽金黄油润，边角分明，花纹清晰，莲蓉饼馅色泽金黄，透明纯正，切口光泽如镜，莲子香味浓郁，营养丰富，具有香、甜、软、

| 萝卜糕 |

滑四大特点。广东的名点有香煎萝卜糕、皮蛋酥、榴梿酥、南瓜酥、冰肉千层酥、酥皮莲蓉包、刺猬包、粉果、干蒸蟹黄烧卖、马蹄糕、叉烧包、蟹黄饺等。

五、闽式糕点

传说在东汉时，福建地区就有了专门用于婚嫁聘礼的"礼饼"，这种风俗一直传承至今。福建礼饼选用精面粉、白砂糖、猪油、肥肉、西河红枣、花生、核桃仁、桂圆肉等配制成甜礼饼，除甜礼饼外，还有在馅料中加虾干、紫菜、福建老酒和精盐制成的咸礼饼，口味上油软肥润，香而不腻，甜中有咸，滋味纯正。

光饼也是福州传统特色小吃之一，相传明朝时，福州百姓为犒劳戚继光的军队，自发将面粉做成圆饼，并用火炉烤熟，撒上芝麻，这种饼小的做成咸口，称为"戚继光军队饼"，简称"光饼"；大的做成甜口，称为"东征杀倭寇饼"，简称"征东饼"。福州人吃光饼时有诸多花样，有将炒干的海苔夹在饼中，再加上酸辣佐料的苔菜饼，有夹青菜"雪里蕻"制成的辣菜饼，有夹红糟肉或米粉肉的夹肉饼等。至今，在福州的街头巷尾，依然能够看到小贩的食担上有这种美食。此外，闽式的代表糕点还有：千页糕、菜头饼、炒肉饼、黄米糕、葱肉饼、菠菠粿、安南粿、鲤鱼饼、猪油炒米等。

六、扬式糕点

扬州是著名的鱼米之乡，盛产的粳稻糯米为糕点制作提供了优质的原料。加之有土生土长、代代相传的糕团制作人，让扬式糕点这一风味小吃名闻遐迩，流传至今。在当地，每当有乔迁之喜时，都用糕点来招呼宾客，喜糕是由米粉与糖拌制而成，用木制模具印制，上面印有"福""禄""寿""喜""财"等字样，也有印梅花、玉兰、桃花、牡丹、石榴花、荷花、凤仙、桂花、菊花、芙蓉、山茶、水仙等代表十二个月的花卉纹样图案，以示四季常春，福寿绵延。每到春节，家家都要买上一些糕点。家中有小孩考试时，家长也不忘给他们买糕点吃，寓意"高中"。这种民间风俗流传至今。过去，茶食里还有松子糕、玉带糕。夏天有潮糕、薄荷糕，秋天有重阳糕……扬式糕点有桃酥、方酥、小麻饼、蝴蝶酥、桂花京果粉、大京果、茶馓、云片糕、花糕、薄脆、嵌桃麻等。

| 云片糕 |

糕点中的老字号店铺

興祥記

| 糕点中的老字号店铺 |

纵观中国上下五千年文明史，保存下来的物质文化遗产往往都是有形的，且历经风雨沧桑的。厨艺则是通过"口传心授"的方式有序传承，以非物质文化的形式而存在。这其中包含着丰富的历史价值、文化价值，是各民族弥足珍贵的记忆，也是中华民族在历史进程中优秀文化的表现。

"老字号"作为商业文化的精髓，凝聚着一代代人的心血，是各地风土人情的情感寄托，更是老店的代表性符号。各行各业的"老字号"以自身的传统技艺为支撑，历经百年而不倒，

这其中除了有过硬的技术外，也彰显着独特的精神品质与民族信仰。"老字号"品牌代表着行业内的佼佼者，操持这些的传承人继承了祖辈的精湛技艺，制作出了世代相传的产品，为传统技艺的保护与发展提供了可能。在非物质文化遗产项目类别中，传统技艺是其重要的组成部分。技艺把实用价值与艺术有机地联系在一起，它所遵循的工艺、材料、技巧、工具，传承着人类宝贵的智慧与情感。接下来就让我们来一起了解一下糕点中的那些"老字号"吧。

一、深入人心的稻香村

糕点店铺流传至今，南派与北派截然不同。如果你在北方，想要去买南派的糕点，那别人肯定会告诉你去驻扎在北方的南味糕点的代表——稻香村。

稻香村本是苏州当地一家卖茶食糖果的老店，其名字取自《红楼梦》中大观园的稻香村。在清代，江苏金陵（今南京）人郭玉生带着几个伙计去北京闯荡，不久就创办了一家经营南味食品

| 稻香村老照片 |

的店铺。在当时，北京的糕点为了易于保存，基本用牛油制作，吃这种糕点，你得有一副好牙口，若在途中遇到歹徒，随手扔一块都能砸晕他，所以一定要配茶食用。郭玉生的稻香村实行前店后厂的模式，靠着手艺自制各式南味糕点，不但花样多，而且重油重糖，在气候干燥的北京可以存放数日。据《旧都百话》记载："自稻香村式的真正南味向北京发展以来，当地的点心铺受其压迫，消失了大半壁江山。现在除了老北京逢年过节还忘不了几家老店的大八件、小八件、自来红、自来白外，凡是场面上往来的礼物，谁不奔向稻香村？"习惯吃北方"大饽饽"的京城人自从享受到了精致的南方糕点，没多久

就一传十，十传百，稻香村的食客络绎不绝，渐渐"火"了起来，稻香村糕点的用料十分讲究，例如核桃仁要用山西汾阳的、玫瑰花要用京西妙峰山的、龙眼要用福建莆田的、火腿要用浙江金华的……所有的食材均是优中选优，来不得一点儿马虎。依据"四时三节"形成了一套售卖体系，如端午的粽子、中秋的月饼、春节的年糕、上元的元宵。现在稻香村的糕点多达上百种，口味多样，老少皆宜，具有代表性的糕点有莲蓉酥、山楂锅盔、山楂酥饼、凤梨酥、栗蓉酥、枣泥酥、南瓜饼、椰子酥、麦丰椰丝球、乌梅酥、龙福饼、豌豆酥、枣泥方酥、牛舌饼、绿豆饼、枣花酥、鲜花玫瑰饼、抹茶酥、核桃薄

稻香村老照片

脆、清香百果等。

二、做工考究的祥德斋

说到百年老字号的糕点品牌，距离北京不远的天津也有一个。在晚清时，有位陈姓商人卖的元宵馅大味好，小有名气。见生意日渐红火，他便开了一家店，起名"祥德斋"。后来，他又相继开办了四家分店。祥德斋的糕点在做工上是出了名的讲究，比如该店所用的许多原料均采自原产地，以确保口味新鲜、纯正，在加工

过程中严守规矩。祥德斋的糕点有五毒饼、雄黄饼、云片糕、薄荷糕、乌梅糕等品种。每逢年节时，祥德斋更是门庭若市，生意兴隆。

三、百年老店"缸鸭狗"

你见过幌子上画着一口缸、一只鸭和一条狗的店铺吗？不知道的人肯定以为这是一家卖鸭子的店。那好端端的小吃店为什么搞成了动物世界？原来，老店的创始人本姓江，乳名叫阿狗。江阿狗对吃很在行，他从小吃摊发家，很快开起了小店。因江阿狗不识字，在店铺取名时可让他犯了难。左思右想，他想到了一个好办法！宁波话中的"江"发音同"缸"，"阿"发音同"鸭"，"狗"发音仍为"狗"，索性就将"缸鸭狗"的形象画在幌子上，不就很吸引人吗？于是江阿狗就在幌子上画了一口缸、一只鸭、一条狗。后来果然开张大吉，顾客盈门。江阿狗的汤圆从选料开始就非常讲究，加工十分精细。馅料从最初的芝麻、桂花、猪油，发展到后来的鲜虾、

|缸鸭狗品牌汤圆|

火腿、鲜肉、咸肉、蛋黄等，无不追求细腻的口感。但若说这些汤圆中最馋人的，当属桂花汤圆。滚热的汤圆还没到嘴边，桂花的香气便扑面而来，沁人心脾，咬一口，只觉甜香盈口。北方人来到这里更喜欢吃猪油汤圆，汤圆馅用猪油、白糖、芝麻制成，煮熟时在热汤中再加入白糖、桂花等辅料。色白光亮的汤圆入口流馅，个个醇香可口，软滑不油腻，吃起来很是过瘾。

四、老字号陶陶居

创办于清代光绪初年的陶陶居，被誉为"月饼泰斗"。陶陶居的月饼外皮松软、味道浓郁，让食客无不叫绝。陶陶居既是酒家又是茶楼，据说，当时陶陶居聘请名厨所制的月饼无人赏识，茶楼主人便用一个玻璃盒装上一块霸饼，上书"陶陶居上月，售卖一百大洋"，挂在店堂门梁上。这件事吸引了不少路人围观，却无人敢买。日近晌午，有个自称"陈秀才"的先生踱步门前，拿出一百大洋，取下这块精装月饼。掌柜问其购买的缘故，陈秀才慢条斯理地说："陶陶居乃大号，又有康圣人题匾，这块月饼里一定大有文章。"于是当众打开包装盒，切开月饼，众人顿时哗然，原来月饼内藏有金银手镯各一对、珍珠八粒、翠玉两块，真可谓金玉满堂了。消息传开后，不少人慕名前来，"陶陶居上月"因此成了抢手货，从此销路大开。陶陶居具有代表性的糕点有金翡翠酥、老婆饼、蛋黄莲蓉月饼、木棉花饼、手工鸡仔饼等。

五、牧童遥指杏花楼

提起苏式月饼和广式月饼，就不得不提上海杏花楼。有着百年历史的杏花楼除供应酒菜外，还兼做月饼、粽子等糕点。杏花楼苏式月饼类似北方的白皮点心，分细沙、百果、玫瑰等多种馅料，以白糖和猪油配制，口味香甜；而广式月饼一直保持着皮薄、松软的特点，它的馅料不断发展至一二十种口味，如五仁、百果、豆蓉、莲蓉、蛋黄、椰子、香肠、叉烧、火腿、烧鸭等，令人百吃不厌。为了让自己精工细制的月饼能够引起人们注意，杏花楼特别设计了包装。杏花楼的名点有叉烧包、猪油豆沙包、猪油开花包、鸡球大包、烧卖虾饺、马拉糕、杏仁酥、裱花蛋糕、红绫酥、白绫酥、南乳小凤饼、薄脆，以及奶油蛋糕等。

探秘糕点制作所用的传统工具

| 探秘糕点制作所用的传统工具 |

糕点的外观是影响人们购买的因素之一，精美的糕点容易让人产生对美食的欲望。那小朋友们，你们有没有想过如此精致、美味的糕点是怎么制作出来的呢？接下来让我们一起揭开这个谜底。

在古代，我们的祖先巧妙地运用了木制模具来制作糕点。木制模具制成的糕点纹路清晰，造型规整，字体凹凸有致、立体感强。

清代皇帝的饮食向来十分讲究，糕点也是必不可少的食品之一。除了供帝后

| 木模具 |

妃嫔们食用之外，糕点也用作祭祀、赏赐……清代宫廷中做的点心用料讲究、做工精细、花样繁多。北京故宫博物院至今还保留着清代中晚期宫廷制作各类糕点的模具，这些模具都是由木头雕刻而成。刻有"喜"字的模具，一般用于皇帝大婚，皇子、皇孙的出生，公主下嫁，以及其他盛大节日。每年立春时节都用刻有"春"字的糕点模具来做糕点，以适应时节的变化。立春前一天，官员们都要为"迎春"操持立春祭祀。模具的图案有大有小，有圆有方、有海螺形、蝙蝠形、桃形、菱形、瓜形、花瓣形等。

过去人们在制作糕点时，由于技艺水平的高低不同，有些人做得栩栩如生，手艺生疏则做出来的不好看。于是人们就发明了用来做各种糕点的模具，也称为"印糕板"，因地域不同，叫法也不同，例如山东即墨地区称为"榼子"。时至今日，木制模具已经有上千年

用模具做出来的糕点

的历史，但现在这种纯手工的传统木制器物已经渐渐被塑料模具和金属模具所代替。但是在木制模具昌盛时期，家家户户做出来的糕点不仅仅用来食用，更多的是参与一些民俗活动。木制模具流行于全国各地，南北方皆有，只是由于地域风俗习惯的不同，各地模具的造型、花式也有所差异。有的模具以数个不同图案和纹样组成同一个主题刻在一块板子上，有的以单个图案寄寓多重含义。例如婚礼庆典用的"龙凤呈祥"，祝贺金榜题名、加官进禄用的"平生三级"，过年用的"如意""年年有余"，祝寿用的"寿"，还有中秋用的月饼模具等。模具的图案多以吉祥图案为题材，如龙凤、麒麟、蝙蝠、鲤鱼、如意、寿星、和合二仙和各种花果等。模具的图案还多用昭示吉祥的文字如"福""寿""喜"等作为装饰，以增强文化寓意。图案也经常以规则的花边图案为装饰，造型精简，刀

石榴图案的糕点模具

法刚劲有力，且有强烈的装饰韵味。

山东即墨葛村是十里八乡有名的糕点木制模具产地，俗语说得好："官庄的筛子、窝洛子的缸，葛村的榼子走四方。"在北魏贾思勰的《齐民要术·饼炙》中有"以竹木作圆范"的记载，这种木制模具应该是"食印"的雏形。

榼子的原材料多为苹果木与梨木，梨木"有骨无筋"不变形，苹果木"有骨有筋"实用但是容易变形。

当地并不盛产果木，基本采用东北的木材。榼子的制作流程大概分为六步。首先画样，在纸上画出榼子外部形状大小，以便决定用料多少，把木料的浪费程度降到最低。然后把木料锯断，在木料上画出外部图形后用机器去除边角料。下一步在砂带上把木材表面打磨光滑。这些都做好后就需要匠人们用自己的刻刀在木头上飞刀留刻。匠人们的工具大大小小有几十种，基本都是以钢和铁为材质的扁长型的小铲

| 制作榼子的工具 |

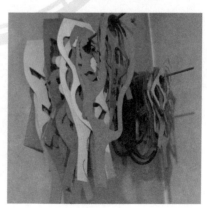

刀。最后一步站花，在榼子内部大概描绘出图案后，再在小木墩旁细心地凿刻，光凿法就有平凿、抢凿、起凿、钻凿、站凿、龟头凿、鱼眼凿、鱼鳞凿等十几种。这种复杂的技艺在当时是不能在机器上生产和复制的。一般从农历五月到春节前后是匠人们最繁忙的时候，春节、清明节、乞巧节、中秋节随处都可见到榼子的身影。

榼子的图案多种多样，按分类整理有文字类：寿字、福字等。花草类：如岁寒三友松竹梅，外加兰花，为君子四性；牡丹寓意富贵，西洋西番缠枝莲寓意子孙万代，富贵连绵；葡萄、葫芦寓意多子多福；灵芝、水仙、寿桃寓意灵仙祝寿，佛手寓意多福多寿；莲花有圣洁之意。动物类：如鹤寓意延年，鹿即"禄"，鱼即"有余"，蝙蝠即"福"；鸳鸯寓意夫妻和睦，喜鹊寓意人心喜悦；喜狮即喜事；蝙蝠衔玉下挂双鱼叫吉庆有余（鱼）；喜鹊落梅枝叫喜

| 文字图案的糕点模具 |

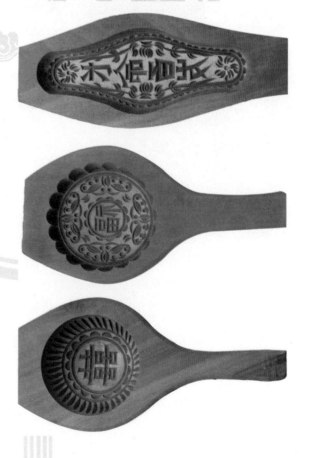

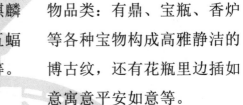

上眉梢；麒麟回首寓意麒麟送子。另有鹤鹿同春，五蝠捧寿，蝠（福）在眼前等。

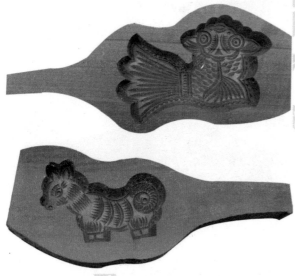

物品类：有鼎、宝瓶、香炉等各种宝物构成高雅静洁的博古纹，还有花瓶里边插如意寓意平安如意等。

糕点模具上看似简单的图案，实则蕴含了丰富的象征意义。不同的图案蕴含不同的寓意和期望，它是百姓们表达自己精神世界的一种媒介，体现了人们对美好生活的渴望和追求。

美味精致的隆盛糕点

｜美味精致的隆盛糕点｜

　　小朋友们，现在你肯定已经对糕点的起源、老字号店铺、制作工具等相关知识都有了一定的了解。接下来我要为你们再介绍一家有着悠久历史的糕点铺，其祖上是明代衡王府的御用

糕点师。直到今天，这家糕点铺依旧经营得井井有条，每逢佳节，刚出炉的糕点就会销售一空。你想与传承人一起学习传统糕点的制作方法吗？下面就让我们一起去了解山东青州隆盛糕

点吧！

一、隆盛糕点的历史起源

随着历史的发展，糕点品种越来越多，让人应接不暇。糕点铺也越开越多，以北京为例，除了汉族的糕点铺外还有"祥聚公""大生斋""清华斋""祥茂斋""义兴斋""庆明斋""增庆斋"等清真糕点，依伊斯兰教的饮食习惯而制作，讲究配料与口味。

青州历史悠久，文化灿烂。几千年来，汉、回、满等多民族共同书写了光彩夺目的青州文化。同时，这里也是山东的回族聚居地之一，勤劳、聪慧的回族人民在这里繁衍生息，创造出了独具民族特色的饮食文化，并形成了许多美味可口、独

具风格的食品，在经过历史的沉淀洗涤之后，逐渐成为青州饮食文化中一抹靓丽的色彩。隆盛糕点便是其中最负盛名的代表之一。

据《脱氏族谱》和相关民间传说记载，公元1499年，衡王朱祐楎就藩青州，仿北京皇宫建造了富丽堂皇的衡王府。后来，衡王府工坊院招聘糕点师，脱氏应聘得中，遂进入王府执掌糕点坊，成为专业糕点技师。在王府，糕点生产原料数量充足且质量上乘，生产设施完备先进，脱氏充分利用这些优越条件，认真学习各式糕点制作技艺，精心研制糕点品种，技艺日渐精进，王府糕点很快飘香青州城内外，并成为进献皇宫的贡品。

公元1646年"夏五月，

衡王世子与其宗鲁王、荆王谋反，皆伏诛"（《益都县图志·大事记》）。衡王府以"谋反"之由被查抄，脱氏在混乱中逃出王府，藏身于民间。之后近二百年时间，脱氏家族不再以糕点制作为业，仅在农闲、工余或年节庆典之时，制作少量糕点以供自用，使技艺得以代代相传。

"隆盛"这个字号最早的官方记载来自《青州商业志》，是脱氏后辈名字各取一字所得。公私合营以后，隆盛糕点停止经营。改革开放初期，隆盛糕点传人脱奉臣先生响应国家号召，重新建厂生产，隆盛糕点逐渐兴盛起来。隆盛糕点是典型的清真特色糕点，严格根据伊斯兰教的饮食习惯而制作，

| 绿豆饼 |

集古今青州清真糕点之精华。产品基本上是京式和苏式品种，选料纯正、考究、天然，要求十分严格，生产过程规范、精细、科学，从而保证了隆盛糕点香甜可口、油而不腻、保质期长等优点，深受广大顾客欢迎。

二、隆盛糕点的制作技艺

隆盛糕点可分为三大类：烤制类、炸制类和蒸煮类。烤制类代表性产品有蛋

糕、长寿糕、桃酥、方酥、寿桃等；炸制类代表性产品有蜜三刀、炒糖、燕窝酥、千层酥等；蒸煮类代表性产品为绿豆糕。

隆盛糕点采用传统纯手工工艺和配方，精工细作而成，具有入口即化、香甜可口、油而不腻、百吃不厌的特点。在生产过程中不使用添加剂，质量完全靠糕点师多年积累的工作经验把控，关键工艺有"只可意会，不可言传"的神秘感，生产工艺繁杂，难以掌握，纯手工操作，制作最简单的产品也要十几道工序。然而正是这种坚持，保证了隆盛糕点的独特风味。

隆盛糕点是青州特有的民间食品，历史悠久、地域特征浓厚，体现了青州人民的勤劳和智慧，是不可多得的民间工艺精品。青州隆盛糕点距今已有近二百年的历史，凝聚着隆盛糕点几代传人的智慧和心血，其发源于青州，经过多年的传承，不断改进，糕点的主要品种已达近二十种，其工艺流程独具特色，产品具有独特的口味。隆盛糕点不仅是脱氏家族的，更是中国传统糕点的代表和精华，对研究中国传统糕点的发展历史具有重要意义。下面就让我们一起学习制作传统、地道的隆盛糕点吧。

（一）蜜三刀

原料：面粉、饴糖、花生油、芝麻、白糖、水。

制作工具：木案、走锤、刀、炸锅、笊篱、盆、不锈钢盘、毛刷。

制作过程：

1. 将饴糖、花生油、水按一定比例混合均匀。

2. 和糖面。将面粉倒在木案上，在粉堆中间挖一个坑，将混合均匀的饴糖、花生油、水倒入坑中，然后将面粉揉成面团。

3. 和底面。用面粉、水、花生油以适当比例和成油面团，用走锤将面团擀开后，均匀地铺在之前和好的糖面团上，将面团上下翻转，用走锤将面团擀开，厚度达到6厘米即可。

4. 撒芝麻。在擀好的面上用毛刷均匀地刷上水，然后撒上芝麻，让芝麻均匀地沾到面上，并将多余的芝麻扫下。用走锤轻轻将芝麻压实。

5. 用刀将面切成条，并按照每剁三刀切一刀的方式，切成规则的长方形的三刀坯。

6. 炸制。将油倒入锅中，加热到170℃左右，然后将三刀坯放在笊篱中，慢慢沉入油锅，待蜜三刀浮起，用长木筷将底面翻转向上，炸至八成熟，再用笊篱翻炸，

蜜三刀

直至炸成金黄色，捞出。

7. 将炸好的蜜三刀趁热放入用白糖、饴糖、水熬好的糖浆中，待糖浆充分浸入蜜三刀后，立刻捞出。

8. 将控好糖浆的蜜三刀放入不锈钢盘中，晾凉后即为成品。

特点：外表金黄饱满，晶莹剔透，外酥里嫩，内部充满糖浆，浆亮而不黏，味道香甜绵软，芝麻香味浓厚。

（二）蛋糕

原料：鲜鸡蛋、白糖、面粉、花生油。

制作工具：大瓷盆、打发棍、不锈钢盆、勺子、铁签、蛋糕模具、烤炉、不锈钢盒。

制作过程：

1. 制作蛋糕糊。将鲜鸡蛋洗净去蛋壳，倒入大瓷盆中，加适量白糖，用打发棍搅打，直至涨发。然后将面粉倒入打好的蛋液中搅匀，制成蛋糕糊。

2. 在蛋糕模具里均匀地涂上花生油，然后用勺子将蛋糕糊均匀注入蛋糕模具中。

| 蛋糕 |

3. 烤制。将蛋糕模具放入烤炉中烤制，待蛋糕烤至金黄色时，将蛋糕模具取出，用铁签将蛋糕挑入不锈钢盒中，晾凉即可。

特点：色泽金黄松软，内部结构均匀细腻，如海绵状，柔软富有弹性。入口即化，蛋香浓郁。

（三）方酥

原料：面粉、白糖、芝麻、水、花生油、香油、食用碳酸氢铵。

制作工具：木案、尺板、走锤、方刀、烤盘、烤炉。

制作过程：

1. 将面粉放入蒸笼蒸熟，制成熟面粉。

2. 在熟面粉中加入白糖、花生油、香油、水等，和成面团。

3. 将面团放到木案上，然后将面团压平，并在表面刷上面浆，然后撒上芝麻。

4. 用刀将其切成 5 厘米见方的方块，并均匀地摆在烤盘中。放入烤炉烤至金黄。取出晾凉，即为成品。

| 方酥 |

特点：外表金黄，入口松脆，香甜可口，且具有芝麻香味。

（四）绿豆糕

原料：绿豆、白糖、香油、芝麻酱、玫瑰酱、熟面粉。

制作工具：方笼屉、方刀、尺板、铜镜、印章。

制作过程：

1. 将绿豆用水洗净，放入锅中，煮至七成熟捞出，晒干、去皮。

2. 将绿豆磨成绿豆粉。

3. 将绿豆粉、白糖、香油、水混合搓匀，制成湿粉，将熟面粉、芝麻酱、玫瑰酱混合均匀，制成馅。

4. 将湿粉均匀地铺入方笼屉底层，用铜镜将表面压平，然后将馅均匀地撒在上面，再次用铜镜压平，然后再在馅的上面铺上湿粉，用铜镜压平，然后将尺板放在方笼屉上面的刻度上，用方刀沿尺板切成 4 厘米方块。

5. 将其放入方笼屉中蒸制。

6. 用印章蘸上食用胭脂红，盖在蒸好的绿豆糕上，晾凉即可。

| 绿豆糕 |

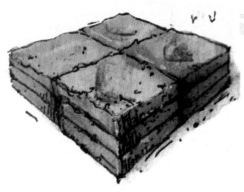

特点：形状整齐，色泽浅黄，内嵌馅料，细润紧密，口味清香，绵软不黏牙，具有清热解毒、保肝益肾的功效。

（五）长寿糕

原料：鲜鸡蛋、白糖、面粉、花生油。

制作工具：大瓷盆、打发棍、不锈钢盆、勺子、烤炉、不锈钢盒。

制作过程：

1. 将洗净的鸡蛋去蛋壳，加白糖，用打发棍搅打至涨发。

2. 将面粉倒入打好的蛋液中，搅匀，制成糊。

3. 将糊倒入特制的布袋中，成一字形挤到涂好油的烤盘上。

4. 将烤盘放入烤炉中，待糕点烤至金黄色，取出晾凉，即为成品。

特点：外表金黄，入口即化，内部结构呈海绵状，柔软富有弹性。

中华民族有着悠久的历史和光辉灿烂的文化，前人的聪明才智创造出许多瑰

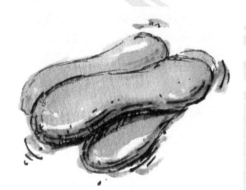

长寿糕

丽的文化，为后人的生产生活提供了有力保障。糕点作为人们日常生活中的主要食品，也经历了时代的变迁。先秦有饼饵、糍饵；战国时期有粽子，汉代有胡饼；唐代有醍醐饼、凡当饼；宋代有酥蜜食、黄糕；元代有宝阶糕；明清以来品种更为繁多，如各种烧饼、月饼、泥饼、八宝糕、酥饼、茯苓饼、年糕、蛋糕、云片糕、绿豆糕、麻花等——这些都是中华历代各族人民勤劳和智慧的结晶。不仅如此，糕点艺人随着时代的发展也在不断寻求改进糕点制作的工具与手段。模具则是制作糕点的衍生物，通过模具创作出形象惟妙惟肖的造型，还把一些寄托情操与寓意的图案、纹路反映在糕点的制作中，如"榴开百子""年年有余""花开富贵"等。每一块糕点的背后凝结着手艺人对传统技艺的传承和对生活的期盼。所以，小朋友们，别看"糕点君"个头小，但它所承载的不仅是带给你味蕾上的享受，还是中华传统文化的精髓与传统制作技艺的延续。通过这本书对于"糕点君"的解读，希望你能有所收获。

图书在版编目（CIP）数据

糕点 / 韩君编著；孙冬宁，沈华菊本辑主编. ——
哈尔滨：黑龙江少年儿童出版社，2020.12（2021.8 重印）
　（记住乡愁：留给孩子们的中国民俗文化 / 刘魁立
主编. 第十二辑，民间技艺辑）
　ISBN 978-7-5319-6501-5

　Ⅰ. ①糕… Ⅱ. ①韩… ②孙… ③沈… Ⅲ. ①糕点—
文化—中国—青少年读物 Ⅳ. ①TS213.23-49

中国版本图书馆CIP数据核字(2021)第004841号

记住乡愁——留给孩子们的中国民俗文化　　　　　刘魁立◎主编

第十二辑 民间技艺辑　　　　　　　　　　　孙冬宁　沈华菊◎本辑主编

糕点 GAODIAN　　　　　　　　　　　　　　　韩　君◎编著

出 版 人：商　亮
项目策划：张立新　刘伟波
项目统筹：华　汉
责任编辑：杨　柳　张靖雯
整体设计：文思天纵
责任印制：李　妍　王　刚
出版发行：黑龙江少年儿童出版社
　　　　　（黑龙江省哈尔滨市南岗区宣庆小区8号楼 150090）
网　　址：www.lsbook.com.cn
经　　销：全国新华书店
印　　装：北京一鑫印务有限责任公司
开　　本：787 mm×1092 mm　1/16
印　　张：5
字　　数：50千
书　　号：ISBN 978-7-5319-6501-5
版　　次：2020年12月第1版
印　　次：2021年8月第2次印刷
定　　价：35.00元